武器世界

主编　刘少宸

吉林科学技术出版社

图书在版编目（CIP）数据

武器世界 / 刘少宸主编. -- 长春：吉林科学技术
出版社，2019.12
ISBN 978-7-5578-6053-0

Ⅰ. ①武… Ⅱ. ①刘… Ⅲ. ①武器—儿童读物 Ⅳ.
①E92-49

中国版本图书馆CIP数据核字(2019)第225929号

武器世界

WUQI SHIJIE

主　　编	刘少宸
出 版 人	李　梁
责任编辑	朱　萌　丁　硕
封面设计	长春美印图文设计有限公司
制　　版	长春美印图文设计有限公司
幅面尺寸	227 mm × 212 mm
字　　数	65千字
印　　张	5
印　　数	1-8 000册
版　　次	2019年12月第1版
印　　次	2019年12月第1次印刷

出　　版	吉林科学技术出版社
发　　行	吉林科学技术出版社
地　　址	长春市净月区福祉大路5788号
邮　　编	130118
发行部电话/传真	0431-81629529　81629530　81629531
	81629532　81629533　81629534
储运部电话	0431-86059116
编辑部电话	0431-81629518
印　　刷	吉广控股有限公司

书　　号	ISBN 978-7-5578-6053-0
定　　价	28.00元

前言 | FOREWORD

　　武器与战争进程息息相关，并很大程度上影响到一个时代的世界政治进程。第一次世界大战，是武器发展史的重要阶段。该时期冲锋枪、火炮、战列舰等武器主导了当时的战局。第二次世界大战，以坦克、飞机、航母、潜艇为主的新式武器主导了战局。

　　小朋友，你知道经典武器有哪些？又是谁摘得"世界枪王"的桂冠？让我们一起翻开这本生动有趣、通俗易懂的书，去找寻关于地球的小秘密吧。

　　另外，编辑为本书中的疑难字词加注了拼音，让孩子不用翻查字典就能流畅阅读，可以独自享受在知识的海洋中徜徉的乐趣。

　　"聪明孩子的百科全书"系列图书共8册，分别是《武器世界》《海洋奇观》《自然现象》《地球奥秘》《宇宙探索》《未解之谜》《恐龙公园》《动物乐园》。让我们一起来阅读吧！

目录 | CONTENTS

枪械

左轮手枪

　　左轮手枪是美国人塞缪尔·柯尔特于 1835 年发明的。美国前总统西奥多·罗斯福曾经说过："美国西部拓荒的历史实际上就是左轮手枪、靴子以及马的历史。"左轮手枪在当时之所以受到欢迎，不仅仅是因为手枪有自卫的功能，更是因为如果牛仔们腰上挎上两把左轮手枪，会得到其他人艳美的目光。

　　左轮手枪所有弹膛的曲线都很独特，以适应不同的射程、火控和弹型规格。轮盘装弹仓属于半自动圆轮盘，具备现代化模块化分解雏形，装弹迅速，可以旋转，随时能够退出哑弹。枪机使用锥形弹头的壳弹，扣动一次扳机即可联动完成转轮、待击发两步动作，这是左轮手枪或者是轮盘手枪的核心所在。

转轮 >>>

　　转轮既是弹膛又是弹仓，其上有 5 ～ 7 个弹巢，最常见的是 6 个，故人们又称这种手枪为"六响子"。

扳机

　　左轮手枪一旦哑火，只需再扣一次扳机，那发"死弹"便会转到一边，"新弹"可以立即补上。

套筒阻挡装置

套筒阻挡装置能够防止套筒断裂时击伤射手，从改进角度来看，非常人性化。

92FS 手枪

　　1987 年，意大利伯莱塔公司经过 5 年的研制和试验，生产的代表作品——伯莱塔 92FS 手枪，大众常直接称其为 92FS 手枪。它的设计满足了现代军事部门和执法机构对安全性、可靠性和耐用性等方面的要求。在美国第一次手枪换代选型比试中，92FS 手枪力压群雄，代替柯尔特 M1911 手枪成为新一代制式手枪。海湾战争中，美军尉官以上的军官，腰间携 [xié] 带的都是这种枪。

　　伯莱塔公司对 92FS 手枪的扳机护环进行了细致的设计，利用人体工学原理，让使用者在使用扳机时更为省力。握把的角度也经过特殊设计，如果射击者足够熟练，不需要太长时间的瞄准，便能精确地射击。

击发机构 >>>

　　撞 [zhuàng] 针为两节式，即撞针尾和撞针体，发射机构可以完成双动发射和单动发射。

MAC-10 冲锋枪

1964 年，美国军用武器装备公司设计了一款新型冲锋枪。它以结构简单、成本低、易制造和易维修的优势，迅速跻身现代名枪行列。该枪便是 MAC-10 冲锋枪，目前已装备美国、英国、玻利维亚、哥伦比亚等多国的警察和特种部队。虽然它曾出现在 1994 年美国攻击性武器禁令的名单中，但其性能与品牌价值已经为它在世界树立了威望。

MAC-10 冲锋枪也有双保险装置：一个是拉机柄，拉机柄钮旋转 90 度自动闭锁；一个是指示器，能有效杜绝武器射击系统因为坠下或者开放式枪机的先天缺陷所导致的走火。由于 MAC-10 冲锋枪结构简单，所以很少在操作上出现问题，同时该枪机的设计也经得起时间的考验。

金属枪托 >>>

伸缩式金属枪托可在不用时缩回机匣，枪托拉出后可用卡榫 [sǔn] 将其固定。

枪管

射击时射手用一只手握持，能防止枪口上跳，枪管加有螺纹，以便拧装消声器。

13

复进簧

　　UMP 冲锋枪复进簧的弹力可以将枪机压在枪管上，射击时依靠枪机自身重量和复进簧的弹力延迟开锁时间。

UMP 冲锋枪

　　20 世纪 90 年代后期，很多国家的特种部队都希望使用大威力弹药，以便在执行任务时获得更大的优势，而点 45ACP 弹最大的特点是本身就是亚声速，加上一枚圆钝的重弹头，完全可以对无防护的目标造成严重杀伤，可当时根本没有冲锋枪使用点 45 口径的弹药。HK 公司为迎合市场需求，开发出全新的点 45 口径通用冲锋枪，简称 UMP 冲锋枪，并于 1998 年年底交付使用。

　　枪托用强化型塑料加工而成，把棱角加工成了流线型，枪托可向右侧折叠，折叠后仍能射击。

　　瞄具采用的是柱形准星和固定的觇孔式照门，简单实用，不过在试验中普遍反映瞄具的位置偏低。

RIS（轨道接口系统）>>>

　　RIS 采用新一代战术护木，使用时可以根据任务需要在上面安装各种战术附件，如战术强光手电等。

AK-47 突击步枪

　　在第二次世界大战的钢铁洪流中，更快、更强的步枪被研发出来，促使战后一颗枪族新星诞生，它就是 AK-47 突击步枪。该枪自诞生起，以稳定、可靠、性价比高闻名于世。1949 年，AK-47 突击步枪正式装备苏军，从此活跃于世界战争舞台之上，成为一代名枪。20 世纪 60 年代，世界上有 60 多个国家装备 AK 系列。在轻武器发展史上只有马克沁、毛瑟和勃朗宁等枪系能和它一较高下。

　　AK-47 突击步枪之所以被称为"世界枪王"，是因为除了制作工艺简单、造价低廉 [lián]、容易操作、故障率低之外，更在于它的耐用度和适应性。该枪在沙漠、雨林等恶劣的环境下都可以保持相当好的性能。据说在越南战争中把它放入水中一段时间拿出来将子弹上膛后仍能射击，甚至有美军在战场作战时抛弃了娇贵的 M16 突击步枪而捡起俘获的 AK-47 突击步枪作战。

快慢机柄 >>>

　　快慢机柄位于枪体最上方时，下突出部顶住单发阻铁后突出部和扳机后端突出部右侧，以实现保险作用。

保险

在弹簧弹力作用下，握把保险自动处于保险位置，握把保险凸齿抵在扳机连杆上，限制扳机连杆后移使其扣不到位。

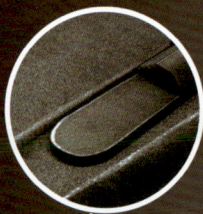

M1911 手枪

在 1899 年末，美军举行了自动装填手枪评选。柯尔特公司约翰·勃朗宁设计的半自动手枪脱颖而出，于是诞生了 M1911 手枪。它在 1913 年成为美军的制式手枪，装备军队达 74 年之久。M1911 手枪曾经是美军在战场上经常露脸的武器，由于其优越性能以及大量的实战战例，对 20 世纪推出的其他手枪也产生了重大影响。

M1911 手枪采用单动发射机构，只能进行单发射击。其中，单发杆是一个杆状件，与阻铁装配在一起既可上下做直线运动，也可与阻铁绕轴回转。套筒复进到位后，单发杆上移进入套筒的缺口内，凸耳与阻铁啮 [niè] 合在一起，这时如果压紧握把保险并扣扳机，则可释放处于待击位的击锤将子弹击出。

瞄具 >>>

帕特里奇瞄具，平头厚叶片准星和正方形或矩形缺口照门组成的瞄具，使射手在光照不良条件下也能迅速瞄准。

ZB-26 轻机枪

　　20 世纪 20 年代，布尔诺兵工厂在捷克军方提出武器本土化的大环境下，于 1926 年研制出一种结构简单、维护方便、射击精确的轻机枪——ZB-26 轻机枪，它是在轻机枪的概念并未成熟的情况下制造出来的。该枪外观的最大特点是弹匣在枪身上方，这使整枪看起来像长角的犀牛。

　　现在看来，ZB-26 轻机枪的缺陷也是很明显的，20 发装弹量对于机枪来说显然过小。20 发的装弹量就意味着，即使是 2～3 发短点射，七八次点射后弹匣内的子弹就会射光，在更换弹匣过程中必然造成火力的中断。在激烈的战斗中，作为主力支柱的机枪火力是不能中断的，即使中断时间很短，带来的后果也是致命性的。

枪管 >>>

该枪枪管外部有散热片，枪管口装有消焰器，枪管上靠近枪中部有提把，方便携带、行走和快速更换枪管。

弹匣

M12S 冲锋枪采用 32 发弹匣，弹道稳定，射击子弹密集，非常适合突袭战斗，如从敌人后面包抄以达到进攻目的。

M12S 冲锋枪

　　意大利的皮埃特罗·伯莱塔有限公司是世界上最古老的枪械公司之一，16世纪初期就开始生产轻武器。在20世纪末，世界上许多轻武器生产商都处在步履维艰的境况时，伯莱塔公司依然坚持改进新工艺、开发新产品。M12S冲锋枪就是在这样的背景下诞生的。它的全部枪身共由84个零件组成，短小精悍，结构合理，刚一推出便迅速成为意大利军队的制式武器。

　　M12S冲锋枪之所以成为战场上的利器，是因为它有6条膛线而使右旋的弹道稳定，射击子弹密集，非常适合突袭战。它的机匣的整体部件有前握把、弹匣插座、发射机座和后握把等。机匣内壁有较深的纵向排沙槽，能容纳污物，即使在沙暴、烟雾、雨雪等恶劣环境下仍能正常运作。

枪托 >>>

M12S冲锋枪采用包络式枪机和可折叠枪托，这样设计使整体尺寸紧凑，便于隐藏和携带。

MP7 冲锋枪

　　20世纪90年代后期的单兵自卫武器市场一直处于不温不火的状态，在市场上找到纯正的单兵自卫武器已经越来越难，但有一支枪除外，那就是2000年由德国黑克勒－科赫公司所研发的MP7冲锋枪。由于MP7拥有冲锋枪的性能，又有与手枪相似的外形，特别适用于室内近身作战及保护要员。短短的两三年即先后出口到17个国家，销售量只增不减，也算为单兵自卫武器赢回了一点儿地位。

　　MP7冲锋枪应德军要求在扳机上方增加了可双手操作的枪机保险，枪托底板部分加厚，握把进行了防滑处理，处理后的握把与USP手枪基本相同。为了满足"21世纪士兵装备"需要，MP7冲锋枪在单兵自卫武器的基础上，在机匣上方安装了较长的皮卡汀尼导轨，小握把右侧也加装了较短的皮卡汀尼导轨，这样可以用于安装瞄准镜、激光指示器、战术灯等附件。

枪弹 >>>

配用4.6毫米×30毫米枪弹，这种枪弹在冲锋枪中是独一无二的，因为它经过淬火硬化处理后提高了弹头的硬度，在打中防弹纤维制品后不会变形。

瞄具

瞄准方式采用折叠式的准星照门，上机匣装有标准的皮卡汀尼导轨，允许使用者自行加装各式瞄具。

枪管

6根枪管在每转一圈的过程中只需轮流击发一次，因此无论是产生的温度或造成的磨蚀，都能限制在最低限度内。

M134 火神炮

二战时立下赫赫战功的勃朗宁重机枪，它的低射速在空战中已显得力不从心。通用电气公司在 M61A1 火神炮的基础上，开发出了 M134 火神炮。M134 火神炮采用加特林机枪原理，虽然高速旋转的枪管会因离心力的作用导致射击散布增大，但射速高、火力强等特点弥补了精度的不足，反而使得 M134 火神炮成为一种具有大范围强杀伤性的武器。

M134 火神炮转管在射速和炮管寿命上占有先天优势。在炮管旋转的同时，每根炮管都处于不同的发射阶段。当炮管旋转到最高点时，膛内弹药被击发，旋转过最高点后再抛壳、装弹，在下次旋转到最高点时又被击发，如此循环。整门炮的射速是 6 个炮管射速的总和，如同 6 门 20 毫米单管炮在并行射击，6 个炮管分担整个射击循环，所以在相同射击次数下，M134 火神炮炮管的使用率是单管炮的六分之一。

电池盒 >>>

M134 火神炮采用电池供电，电池盒内 28 伏直流电源为机枪提供了动能，这一技术的采用有效地避免了卡弹现象。

坦 克

M3 轻型坦克

二战之初，欧洲形势越发紧张，美军意识到 M2 轻型坦克已经过时，整体升级计划迫在眉睫，于是美国在 M2A4 轻型坦克设计的基础上进行强化，新的坦克被命名为 M3 轻型坦克，并于 1941 年 3 月生产成功。M3 轻型坦克是二战时期美国制造数量最多的轻型坦克。

M3 系列轻型坦克，参加过非洲西部沙漠战斗、英军在缅甸的战斗，以及太平洋战争等，曾被英军骑兵团誉为"亲密的朋友"。二战后，玻利维亚、巴西和韩国等国家和地区的军队仍在使用 M3 轻型坦克。

驾驶舱盖 >>>

该坦克驾驶舱盖采用上移、向外推的设计，这种设计可以使驾驶舱盖接缝处更加坚固。

K2 主战坦克

韩国于 1995 年开始研发新型坦克，并采用大量本国技术，耗资 2.3 亿美金打造 K2 主战坦克。2013 年，韩国 K2 主战坦克大规模生产，韩国国防科学研究所形容它是"全世界技术水平最高"的一种主战坦克。

K2 主战坦克，能够依靠发动机的排气压力进行潜渡，但是水压如果大于发动机排气压力，发动机排气就非常困难，所以在陌生河流潜渡前要对河底进行探查，要求河床为沙石底，越硬越好，防止发生坦克淤陷。水压会令发动机功率损失严重，为保证在水底不灭火，需将油门踩到底，但动力输出依然很低，遇到障碍很容易造成熄火，同时也容易造成发动机损坏。

水下通气管 >>>

该坦克利用一个水下通气管迅速潜入水中达 4.1 米深度，一旦浮出水面就可以立刻投入战斗。

M4 中型坦克

　　1940 年 8 月下旬，M3 轻型坦克开始大规模生产后，美国开始了新型坦克的研制工作。军方要求，将 75 毫米火炮装在旋转炮塔上，研制代号为"T6"的中型坦克。1941 年 9 月，T6 中型坦克定型并被命名为 M4 中型坦克，统称"谢尔曼坦克"。这个名字是英军起的，以纪念美国南北战争中北军的将军威廉·特库赛·谢尔曼。M4 中型坦克第一次参战为 1942 年 10 月的第二次阿拉曼战役，在二战后期的坦克战中，M4 中型坦克发挥了重大作用，因此在世界战车发展史上占有一席之地。

　　较高的车身外形使它不易躲藏，被击中后容易燃烧甚至爆炸，被德军戏称为"汤米烤肉炉"。

履带 >>>

　　在野地、沙漠，甚至多山环境，M4 中型坦克的橡胶履带依然能通过德国坦克所不能通行的地带，并保持较高的速度。

T-10 重型坦克

1948 年年底，苏军装甲坦克兵总局要求研制一种重量不超过 50 吨的重型坦克。科京坦克设计局根据要求开始了新式重型坦克的研制工作，在吸取了 IS-6 电传动重型坦克失败的惨痛教训后，决定在新坦克上尽可能采用现有成熟技术来减小设计难度和风险，最终以 IS-3 重型坦克为蓝本进行改良。1949 年，外形比较保守的 730 工程样车诞生，又经过不断改进和完善，直至 1953 年斯大林去世后被命名为 T-10 的重型坦克终于列入军备。

T-10 重型坦克是苏联火力最强，装甲防护最好，同时也是最昂贵的坦克。它主要装备了苏军的重型坦克师和独立重坦克团。T-10 的主要作用是为 T-54/55 坦克提供远距火力支援和充当阵地突破战车。

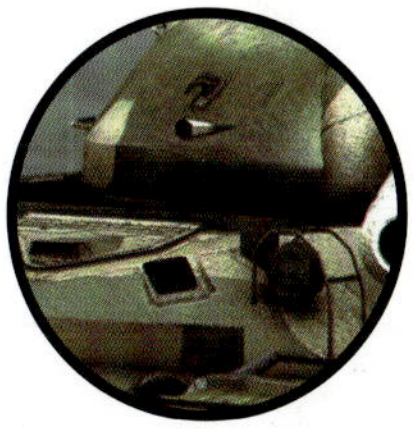

电喇叭 >>>

左前配备电喇叭和前照灯，右前是一根确定车宽的细钢管，电喇叭，能够发出预警，起警示作用。

M22 空降轻型坦克

　　1941 年 2 月，美军决定研制空降坦克，就是用运输机或滑翔机将坦克运抵敌后发动攻击，但因为没有适当的运输机而一度中止。英国人得知后，积极促进此事，终于使美国军方得以继续开展研制工作。

　　美国马蒙－惠灵顿公司于 1941 年 5 月制成了第一辆样车，称为 T9 轻型空降坦克，后定名为 M22 空降轻型坦克。该坦克在火力、机动性和防护方面均适合空降作战的需要，是世界上第一种专门为空降作战设计的空降坦克，对后来世界各国开发空降坦克具有重要的参考价值。

悬挂装置 >>>

　　平衡式悬挂装置，每侧有 4 个负重轮和两个拖带轮，主动轮在前，诱导轮在后。

火炮

采用 1 门 37 毫米坦克炮，
高低射界为 -10 度至 +30 度，方
向射界为 360 度，主要弹种为
钨芯穿甲弹，弹药基数为 50 发。

90 式坦克

　　日本坦克通常是以定型年代命名的，所以曾预计新坦克在1988 年或 1989 年定型，故相继称 88 式和 89 式坦克。但是由于研制周期拖长，定型日期推迟到 1990 年，最后命名为 90 式坦克。90式坦克于 1990 年开始少量装备日本陆上自卫队，与世界其他最先进坦克的突出差距是没有采用数字化信息系统。虽然单辆 90 式坦克性能并不逊色，但是无法使坦克群有机联合成一个整体，难以发挥高度一体化的战斗能力。

　　90 式坦克安装了超越控制装置，即使在炮长发现目标并进行瞄准后，车长若再发现其他目标构成更大威胁时，还可使炮长的目标自动改成车长发现的目标，即应用该装置可在对一目标射击的同时瞄准其他目标。

装甲 >>>

车体和炮塔前部采用复合装甲，其他部位有的采用间隙装甲。两侧裙板各由 7 块均质钢板组成，厚约 10 毫米，可产生与夹层装甲相同的效果。

雷诺 FT-17 轻型坦克

第一次世界大战中，英国人首先研制出应用于战场上的坦克，但其庞大的体积和运行的不便导致战场效能并不理想。法国的参谋部门认识到这种新武器的特点和不足，开始强调坦克的机动性，在保留大型坦克的基础上，要求设计出一款轻便的，能够伴随步兵行动的快速支援坦克。法国的雷诺汽车公司在 1916 年承担了这个任务，雷诺 FT-17 轻型坦克就此诞生。

雷诺 FT-17 轻型坦克是世界上第一种旋转炮塔式坦克。这种设计是为了改善作战人员的视野以缩小火力死角。在坦克的车身上面开有一个大圆孔，大圆孔上是一圈铜制的导轨，上面安装的轴向压力轴承可以完成平面内转动，而且炮塔底部安装有齿圈及驱动机构，将炮塔的左右旋转运动和火炮的上下俯仰运动进行了精密处理。

装甲 >>>

装甲 6 ~ 22 毫米厚，为了开发适合量产的车辆，车身装甲大部分采用直角设计以便于接合。

驾驶舱

第一个采用驾驶舱以独立舱间安装的设计，将引擎 [qíng] 废气与噪声用钢板隔开，改善了士兵作战环境。

舱门

炮塔的右侧为炮长和装填手，车长在火炮的左侧，他们有各自的舱门（或指挥塔门）。舱门也采用厚装甲，出入更方便，乘员更安全。

T-44 中型坦克

20世纪40年代，苏军当时使用的T-34/85中型坦克在与豹式坦克对抗中明显处于下风，为了抵抗德军的迅猛袭击，苏联从1944年初开始研发中型坦克，1944年7月18日正式定型，命名为T-44中型坦克。基于冷战时期保密的需要，T-44中型坦克的存在被刻意地隐藏，从未出现在公开游行的场合中，但是T-44中型坦克开启了苏联战车的一个新时代，日后的T-54主战坦克、T-55主战坦克乃至于更新的苏联坦克都依据它作为参考。

T-44中型坦克最大的特点就是采用了扭杆弹簧悬挂装置，扭杆式独立悬挂系统的工作原理，是通过管状材料表面形变获得弹性行程。扭杆一头刻有花键用于固定，另一头接平衡肘，能够实现上下的位移。扭杆悬挂系统的优点在于结构简单、占用车内的体积小。

甲板 >>>

大倾角车体前部甲板，炮塔和车体正面主装甲加厚到60毫米，车体侧面采用垂直装甲，并保持原倾斜甲板抗弹能力。

C-1 主战坦克

20世纪80年代，意大利装甲力量迅猛发展，已建立了完整的陆军装备体系。1982年，意大利议会批准了"陆军再装备计划"，国防预算大幅增加。1984年初，意大利陆军放弃原定购买豹2坦克计划，决定研发新一代国产主战坦克，研制代号为C-1主战坦克，它就是后来的"意大利重骑"。它和同时研制的半人马座装甲车一道，构成意大利陆军"装甲部队现代化计划"的核心装备。

C-1主战坦克弹芯多由制程复杂的合金或陶瓷制造，拥有极高的硬度，射击后，弹芯在空中飞行的轨迹能够与射击抛物线吻合，接触目标后动能集中在弹芯尖端贯穿目标，也就是说尾翼的功用是让弹芯不在空中翻滚。

火炮 >>>

火炮为德国莱茵金属设计的RH120滑膛炮，奥托·梅莱拉公司生产，配用弹种：尾翼稳定脱壳穿甲弹和高爆弹。

前车灯

M60 巴顿坦克的前车灯采用了主动式红外照射装置，其原理类似于我们用的手电筒，但手电筒发出的是可见光，而主动式红外照射装置发出的是红外光，通过主动式红外照射装置发出的红外光照射目标反射回来就可以在黑暗环境中看到目标。目前，由于这种装置隐蔽性差，所以在坦克上已经很少使用了。

M60 巴顿坦克

　　20 世纪 50 年代末，为取代 M48 巴顿坦克，M60 巴顿坦克作为美国陆军最后一代巴顿系列坦克问世。1959 年 3 月 M60 巴顿坦克定型，同年 6 月首批生产 180 辆合同签订，由克莱斯勒公司的特拉华防务工厂制造，1960 年列入美军装备。M60 巴顿坦克是冷战时期的美国主战坦克，服役时间从 20 世纪 60 年代至 20 世纪 90 年代早期，至今还有许多国家依然有各种型号的 M60 巴顿坦克在服役中。

　　M60 巴顿坦克是传统的炮塔型主战坦克，分为车体和炮塔两部分。驾驶员位于车前中央，驾驶舱有单扇舱盖。驾驶员前面装有 3 具 M27 前视潜望镜，舱盖中央支架上可装 1 具 M24 主动红外潜望镜用于夜间驾驶。

装甲 >>>

　　车体和炮塔前部采用复合装甲，其他部位有的采用间隙装甲。两侧裙板各由 7 块均质钢板组成，厚约 10 毫米，可产生与夹层装甲相同的效果。

舰 艇

长滩号巡洋舰

　　长滩号巡洋舰具有多个"世界第一"的荣誉称号：它是美国海军属下的第一艘核动力导弹巡洋舰，是全世界第一艘核动力水面战斗舰，也是二战之后美国新造的首艘巡洋舰及全世界第一艘配备区域防空导弹的军舰。长滩号巡洋舰于1959年7月14日下水，1961年9月9日正式服役，但由于其昂贵的造价，现已全部退役解体。

　　长滩号巡洋舰的动力核心为两具西屋制造的CIW压水式反应堆，此种反应堆也被美国首艘核动力潜艇——鹦鹉螺号采用。反应堆堆芯位于压力壳内，由排列为方形的燃料组件组成。和沸水式反应堆堆芯相比，压水式反应堆堆芯体积更小，堆芯的功率密度较大。但由于堆芯中的工作压力和温度都较沸水式反应堆堆芯高，因此对反应堆材料性能的要求也较沸水式反应堆更高。

辅机烟囱 >>>

　　核动力系统使长滩号不需要大型主机烟囱，舰体中段设置小型辅机烟囱，与当时各国舰艇大不相同。

导弹

服役之初的长滩号不再是以往巡洋舰大舰巨炮的形象，舰上无火炮，完全以导弹作为主要武装。

装甲

炮塔和炮座都装
备重型装甲，装甲总重
5000 吨。

无畏级战列舰

　　无畏级战列舰由英国皇家海军设计，是世界上第一种全主炮战列舰，装有 10 门 305 毫米主炮，未装副炮。该舰于 1906 年开始服役，是当时火力最强、航速最快的战列舰。无畏级战列舰是一艘具有划时代意义的战列舰，也是一艘使以往的战列舰在一夜间旧式化的先进军舰，因此它的名字成为"现代化战列舰"的统称。无畏级战列舰的问世，开创了海军历史上巨舰大炮的时代。

　　炮座 102～279 毫米，炮塔 76～305 毫米。无畏级与以往战列舰最大的区别是引用"全重型火炮"概念，采用 10 门统一型号的、弹道性能一致的主炮。

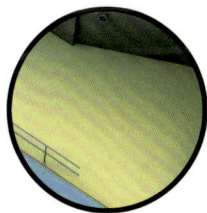

甲板 >>>

　　甲板采用多层布置，最厚处有 3 层共 76 毫米。主甲板采用穹形，中间隆起、两边稍低，与舷侧装甲对接。

布扬级炮艇

    2006 年 9 月 1 日,一艘让外界眼前一亮的小型战舰——21630 型布扬级炮艇的首舰"阿斯特拉罕号",在圣彼得堡金刚石船舶制造公司交付俄海军。尽管这只是一艘满载排水量在 500 吨上下的小型水面作战舰艇,但其全新的设计理念及齐备的舰载武器都吸引各界的关注。

    布扬级炮艇是一种先进的小型水面作战舰艇。 其首舰"阿斯特拉罕号"在 2007 年中期加入俄海军里海区舰队服役,担负维护里海地区政治、经济及外交利益的重任。

烟囱 >>>

    烟囱是一种排除工具,用来排除由火引起的气体或烟尘。烟囱置于炮艇两舷侧以减少红外信号。

甲板

主甲板从艇首到艇尾呈阶梯状布置，前高后低，尤其是艇尾明显低于前部甲板，艇首两舷稍向外飘。

甲板炮

　　根据作战经验：7.62 厘米甲板炮准确有余，但威力不足，因此甲板舰炮大多升级为 1 门 10.14 厘米 50 倍径。

小鲨鱼级潜艇

1941年珍珠港事件之后，美军太平洋舰队遭受了重创，为了应对日本海军联合舰队咄咄逼人的攻势，美国海军以小鲨鱼级潜艇为主要力量，发起了闻名后世的"狼群作战"，为太平洋舰队赢得宝贵的修复时间。从1941年到1945年，小鲨鱼级潜艇一系列的扰袭作战行动打击了日军太平洋地区的海上交通线，为后来的中途岛等战役的胜利打下了坚实的基础。

小鲨鱼级潜艇自舰首起为前鱼雷舱、军官舱、控制舱、无线电室、厨房、餐厅、住舱、前轮机舱、后轮机舱、主机控制舱、后鱼雷舱。共有8个水密舱间。与现代潜艇不同的是，艇长指挥作战的位置是在控制舱上方的小操舵舱上（位于指挥塔内）。

鱼雷发射管 >>>

最初服役时该艇前方有6具鱼雷发射管，后方有4具鱼雷发射管，艇内可携带24枚鱼雷。

野牛级气垫登陆舰

在西欧亚大陆狭小平静的黑海、里海与波罗的海等地，传统的小型气垫登陆艇航程不够，仍需要母船搭载至抢滩区。苏联在1978年开始着手研制适合上述地理环境的大型气垫登陆舰，20世纪80年代研制了野牛级气垫登陆舰。该舰以其555吨的满载排水量成为世界上最大的气垫登陆船舶，因此苏联海军将其直接划分为登陆舰。它火力威猛，速度快，简直就像是一头欧洲野牛。

气垫船是利用高压空气在船底和水面(或地面)间形成"气垫"，使船体全部或部分垫升而实现高速航行的船。气垫是用大功率鼓风机将空气压入船底下，由船底周围的柔性围裙或刚性侧壁等气封装置限制其逸出而形成的。"欧洲野牛"是世界上最大的气垫登陆舰，主要用于运送战斗装备和先遣登陆队员，同时还可运送水雷。

通信设备 >>>

舰载 P-784 通信设备系统，由中波、短波、超短波收发机和超速传输设备、自动化指挥控制系统构成。

蒸汽轮机

安装4座蒸汽轮机，蒸汽温度325摄氏度，最高输出功率114504千瓦。

大和号战列舰

20世纪30年代初，日本开始在太平洋地区向美、英挑战。为此，日本大量研制武器，大和号就是其中之一。大和号的吨位、主炮威力、装甲厚度超过了同时代的战列舰，是日本海军历史上制造的最大的超级战列舰。它于1937年11月4日在吴港造船厂开工，1941年12月正式服役。

大和号以其巨型主炮闻名于世。主炮为三联装94式45倍径460毫米口径舰炮，三联装主炮塔三座，单座炮塔内三门火炮总重量为1720吨。炮塔发射速度1.8发／分，每发炮弹装药量330千克。

舰桥 >>>

舰桥高达45米，舰桥是军舰大脑，是操控舰艇和指挥作战的地方，设置在舰艇上层建筑中。

海狼级攻击核潜艇

冷战时期，美国为取得制海权，与苏联相抗衡，建造了海狼级攻击核潜艇。该艇格外强调武器装载量、持续作战能力与静音能力，以便增加其在苏联势力范围内的存活概率及胜算。可以说，它是反潜作战的极致产物。

第一艘早在 1989 年 1 月 9 日便开工建造，但由于建造期间冷战结束，美国军事预算缩水，加之技术经验匮乏，致使原本预计制造 29 艘的海狼级攻击核潜艇只建造了 3 艘便宣告停工。

它的舰体比洛杉矶级核潜艇短而胖，其潜航排水量大幅增加至 9000 吨以上，是美国海军体型最大的攻击核潜艇。

红外线热影像仪 >>>

2008 年，美国海军决定为海狼级潜望镜升级，此外，整合一具不需要冷却的新型红外线热影像仪，供夜间使用。

鱼雷

　　海狼级总共有8具鱼雷管，包括MK48鱼雷、鱼叉巡航导弹、战斧巡航导弹等，以游出方式发射鱼雷时很安静，敌方很难察觉。

主舵

主舵旁装设偏 30 度角辅助舵制造卢尔森效应，该构型可让三螺旋桨船高速行驶，提高了螺旋桨输出效率。

S艇

一战后，《凡尔赛条约》各签约国的军事生产都受到限制。当时德国缺少小型巡逻艇，S艇应运而生。S艇参照了1927年为美国企业家奥托·赫曼·卡恩制造的私人游艇的设计。S艇船体比美国的PT艇和英国的机动鱼雷艇还要大得多，适合到外海进行长距离作战。S艇于20世纪30年代开始服役，在二战中成了民船和战舰的克星。

S艇是一艘40吨重的快艇，为了耐海性，使用了圆底式船底而非一般高速艇常见的平底构型。这种构型兼顾了小型船的适航性以及速度，最高航速可达37节，并创下当时小型快艇极速纪录，受到德国海军的注意。德海军总共制造18艘S艇，并逐步修改设计以符合作战需求。

柴油引擎 >>>

二战爆发前，S艇的动力来源于7气缸直列式柴油引擎，但这种柴油机动力不足。

大黄蜂号航空母舰

　　美国海军利用《华盛顿海军条约》规定的额度，制造了两艘（约克城号和企业号）2万吨级航空母舰（称为"约克城"级）。大黄蜂号航空母舰是"约克城"级航空母舰的三号舰。与"约克城"级前两艘相比，大黄蜂号舰体和航速稍有增大，同时加强了水面和水下防护。大黄蜂号航空母舰有3部升降机，开放式机库，位于右舷的岛式上层建筑和烟囱连为一体。大黄蜂号于1939年9月25日开工，1940年11月下水，1941年10月正式服役。

　　使用一个平的甲板作为飞机跑道，起飞时一个蒸汽驱动的弹射装置带动飞机在两秒钟内达到起飞速度，只有美国具备生产这种蒸汽弹射器的成熟技术。在工作原理上，蒸汽弹射器是以高压蒸汽推动活塞带动弹射轨道上的滑块，把与之相连的舰载机弹射出去的。

甲板 >>>

　　航空母舰的甲板被人们称为世界上最危险的"4.5英亩"（注：1英亩 ≈ 4047平方米），如不注意周围的情况，随时可能有意外。

指挥塔

　　瞭望镜等放在舰体内占用了大量空间，而甲板设有指挥塔，这些部件就可以放在指挥塔上，给舰体节省了空间。

新港级坦克登陆舰

　　20世纪50年代末和60年代初，美国海军要求所有登陆战舰和担任护航任务的战斗舰艇的航速要与巡航速度相适应，使整个登陆编队的航速达到20节。为此，美海军开始研制新型新港级登陆舰，并于20世纪60年代末研制成功。

　　新港级坦克登陆舰在舰型上有所创新，尤其是优良的登陆装置，代表了坦克登陆舰的较高水平，引起了许多国家海军的重视。该舰共建20艘，于1969年6月至1972年8月先后服役。

舰首 >>>

　　该登陆舰设计新颖，结构独特，增大了舰艇长宽比，使舰首部水线附近线形尖瘦，减少了舰体阻力。

赤城号航空母舰

　　日本海军意识到搭载飞机为主要作战武器的战舰对海战将产生本质影响，所以将大量的精力投入赤城号航空母舰之中。赤城号航空母舰1925年4月22日下水，于1927年3月25日服役。

　　赤城号原本设计是一艘战列巡洋舰，中途改建为航空母舰。它的主甲板以上全部进行了重新建造，设有双层机库。舰桥设置在上层飞行甲板下面，后来实践证实舰桥位置太低，不利于观察和指挥。中途岛海战中，为使赤城号航空母舰不落入美国之手，日本海军自己将其击沉。

甲板 >>>

　　中层甲板供小型飞机起飞，长约15米，下层甲板较长供大型飞机起飞，长56.7米，宽23米。

火炮

赤城号航空母舰安装了10门200毫米口径火炮，用来打击巡洋舰，其中双联装炮塔并列安装在甲板上。

导弹发射筒

布置在指挥台围壳的前方,这样减轻了发射导弹时与轮机一起产生的震动,从而增强降噪效果和缩短发射间隔。

台风级弹道导弹核潜艇

目前世界上最大体积和吨位的潜艇纪录保持者就是台风级弹道导弹核潜艇。该潜艇是冷战时期的产物，由红宝石设计局设计完成。当时苏联曾准备大量建造台风级弹道导弹核潜艇，但由于经济问题放弃了原设想。

第一艘台风级弹道导弹核潜艇在 1977 年开始动工，1980 年 9 月下水，1982 年开始服役。台风级弹道导弹核潜艇一共建造了 6 艘，苏联解体后三艘被拆解，现仅有一艘处于服役状态。

台风级弹道导弹核潜艇，有宽大的尾操纵面。从艇的纵面图上可看到，在艇尾的左右舷各有一个尾垂直稳定翼，和奥斯卡级核潜艇的尾部布置形式相似。

耐压艇体 >>>

艇体使用德尔塔Ⅳ级消声瓦，非耐压部分使用一种橡胶水声消声瓦，从而让这个庞然大物在水下遁 [dùn] 形。

/ 第 / 四 / 章 /

飞机

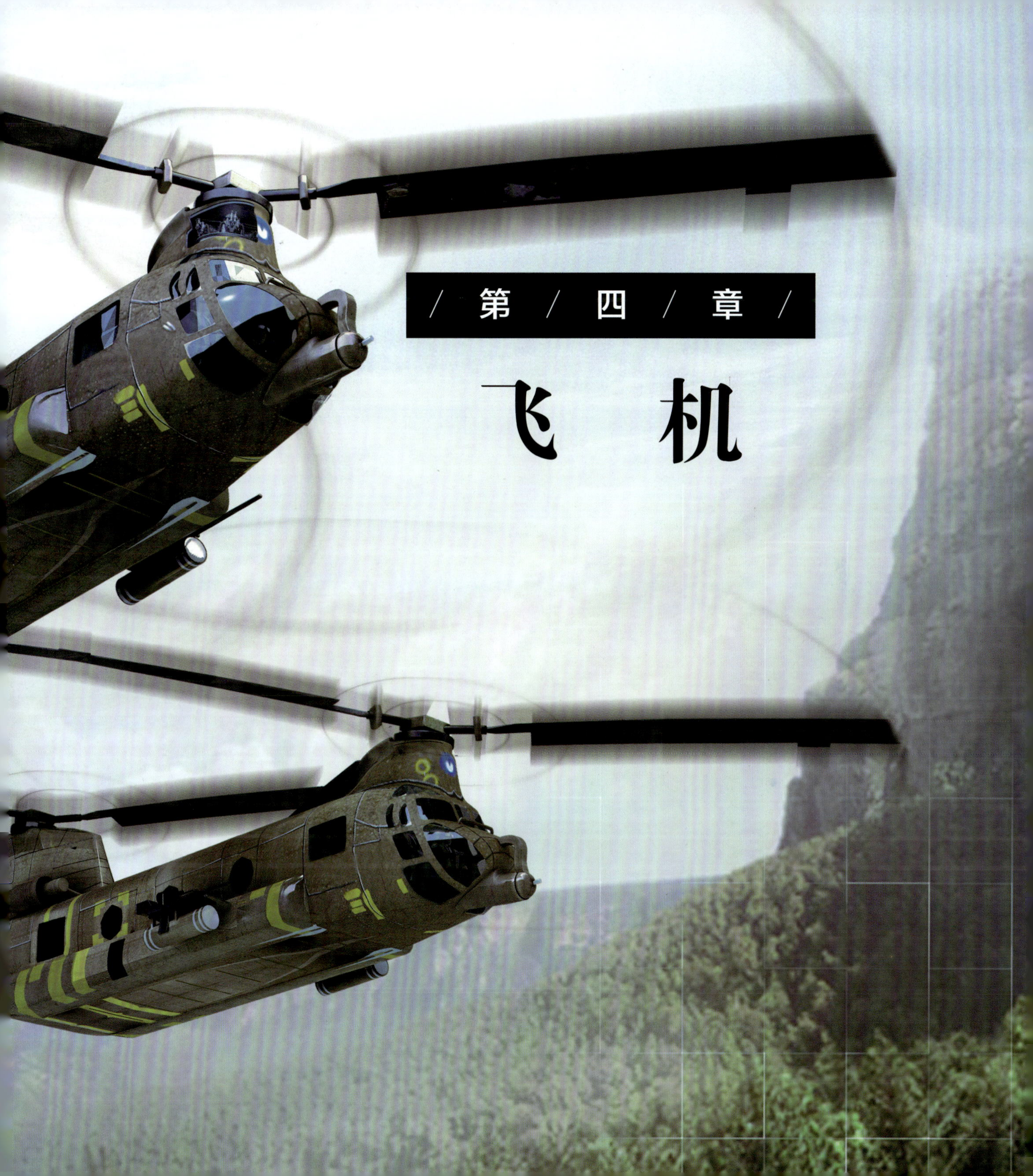

苏-34 战斗轰炸机

　　为满足苏联空军要求，苏霍伊设计局在苏-27UB 战斗教练机不更改气动布局和结构设计的基础上，发展苏-27IB 战斗轰炸机。苏-27IB 战斗轰炸机设计方案于 1983 年完成，1990 年 4 月 13 日，苏-27IB 战斗轰炸机的第一架试验样机首飞。1994 年 1 月 6 日，《消息报》发表了一篇名为《前线战斗轰炸机苏-34》的文章，使苏-27IB 战斗轰炸机的军方正式编号苏-34 首次被外界所知，由于其独特的外形，后被北约称为"鸭嘴兽"。

　　该机雷达综合瞄准系统的核心是带无源相控阵天线的多功能雷达，天线直径约 1000 毫米，探测距离可达 200～250 千米。该雷达在对空作战时能在"边扫描边跟踪"状态下同时跟踪多个目标，并使用 R-77 或 R-27AE 空空导弹同时对多个目标进行打击，其总体空战效能比早期用于空战的苏-27P/S 战斗机更高。

座椅 >>>

　　座舱内配备两个并排喷射座椅给驾驶员和副驾驶员，战斗机的座椅非常舒适，能使飞行员更加精力集中地飞行。

中单翼

福克 Dr.I 型战斗机编号为"福克 E",有多种型号,它们都采用正常布局的中单翼,机翼展弦比不大,机动性较好。

福克 Dr.I 型战斗机

　　飞机这种有动力、可控制的飞行器问世 10 年后，一战爆发，飞机投入战争的怀抱。各种不同性能的战斗机在英、法、德等国被设计、制造出来。福克 Dr.I 型战斗机就是在这一时期诞生的，因为安装了"射击协调器"，一时间德国人完全控制了天空，该战斗机在当时可谓威风至极。

　　福克 Dr.I 型战斗机的冷发动机发展潜能较高，但必须要有较大的输出动力来克服阻力，德国采用可以降低阻力的发动机外罩，使得冷发动机的冷却和减低阻力两大问题都获得适当的缓解。为满足飞机急速爬升所需的输出动力，液冷发动机从普遍的 V 型 12 气缸更改为 X 型 24 气缸，气冷发动机则由 1 排、2 排增加到 4 排气缸。

机枪 >>>

　　一挺口径 7.92 毫米的机枪装在机头上，位于一台空冷的气缸旋转星型活塞式发动机顶部，每分钟可发射子弹 800 发。

F-2 战斗机

20 世纪 80 年代中期，日本防卫厅（现日本防卫省）拟自行研制一种新型战斗机以取代 F-1 战斗机，美国人则希望日本能够购买其已经定型生产的 F-16 战斗机。作为妥协的产物，日美两国于 1987 年宣布了这个联合项目，由日本政府出资，以美国空军的 F-16 战斗机为样本，共同研制一种适用于日本国土防空的新型战斗机，并正式定名为 F-2 战斗机。

F-2 战斗机有框式座舱采用了许多新技术，在座舱里采用的是 3 个 CRT 多功能显示器。它们安装在座舱的正中间，平显仪在上部，显示器在下部，这样平显仪的支座正好为 LCD 显示器起到了遮光罩的作用。

导弹 >>>

该机尽管以海战为主，但空战能力也不弱，装备了先进的空空导弹，有较好的近距格斗性能和超视距作战能力。

座舱盖

考虑到日本岛国的特殊环境，座舱盖采用两片式强型风挡玻璃，其抗鸟撞性能要比F-16战斗机采用的单片式好得多。

驾驶舱

　　驾驶舱后机舱可容 8 名武装士兵，有一大型滑动舱门；驾驶舱前为平直防弹风挡玻璃，重要部位有防护装甲。

米-24 武装直升机

　　米-24武装直升机，是苏联米里设计局在米-8武装直升机的基础上研制的专用武装直升机，于20世纪60年代后期开始研制，1972年年底试飞并投产，曾经大量装备苏联军队，并出口至30个国家和地区。与美国的阿帕奇武装直升机相比，米-24武装直升机的电子技术略逊，不过米-24武装直升机也有其优势，包括强大的火力以及可携带步兵。尽管米-24武装直升机服役时间较长，显得过于老旧，但使用价值是备受肯定的。

　　米-24武装直升机旋翼有5片桨叶，等长翼弦，翼型为NACA230，旋翼大梁为钛合金材料，外敷[fū]玻璃钢蒙皮，中填蜂窝夹芯。

油箱 >>>

　　主油箱位于机舱后面机身内，软油箱位于机舱底部；机舱中1吨辅助油箱可使直升机燃油量增加1.5吨。

AV-8 战斗攻击机

　　AV-8 战斗攻击机（以下简称 AV-8）并非美国自行研发的机种，而是现役中从外国取得生产权的武器系统。AV-8 的原始设计来自英国霍克西德利鹞式战斗机，在美国的编号为 AV-8A，用作近距离空中支援和侦察。鉴于 AV-8A 的性能不能完全满足美国海军陆战队的需要，尤其是在载弹量上，负责生产的麦道飞机公司对其加以改良，将 6 架 AV-8A 改为 AV-8B 并投入量产。AV-8B 取代了美国海军陆战队的 A-4"天鹰"攻击机，使得美国海军陆战队拥有了自己的第一种空中近距支援机种。AV-8B 采用的超临界主翼比 AV-8A 的主翼厚，翼展增加了 20%，后掠角减少了 10%，面积增加了 14.5%，每边也各增加了一个挂架，导致 AV-8B 的飞行速度逊于 AV-8A，但是在升力上的表现却比 AV-8A 更加优异。主翼加厚的好处之一是可以扩大燃油的容量，相当于增加了飞行 30 分钟的油料。

机翼 >>>

　　机体结构上采用碳纤维复合材料制造机翼、机身部件及尾翼，超临界翼型，加大了机翼后缘襟 [jīn] 翼和下倾副翼。

火神战略轰炸机

　　火神战略轰炸机是当时对英国具有重要作用的轰炸机，于1947年开始研制，1952年8月第一架原型机首次试飞。火神战略轰炸机是英国空军装备的唯一一种战略轰炸机，也是世界上第一种进入实用的大型三角翼无尾飞机。在英阿马岛战争中，英国火神战略轰炸机从阿森松岛起飞，在"胜利"加油机的配合下，经过3次空中加油成功地轰炸了马岛的首府斯坦利港。

　　火神战略轰炸机是一种三角翼、无平尾、单立尾轰炸机，4台发动机装在两侧翼根部位。机身为全金属半硬壳式结构，截面呈圆形，最大直径为2.75米。机身前部为气密座舱，内有5个乘员座位。机头有一个大的雷达罩，雷达罩是电磁波的窗口，其作用是保护天线，防止环境对雷达天线工作状态的影响和干扰。

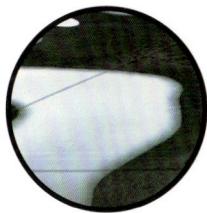

软式油箱 >>>

　　中翼内有软式油箱，是由耐油橡胶和专用材料等胶合而成，油箱的油用完后可折叠，救灾中常用此油箱。

89

CH-47 运输直升机

　　你是否对可垂直升降的飞行器产生浓厚的兴趣？ CH-47 运输直升机就是符合此条件的另类直升机。无论是载重量还是飞行速度，它无一落后。该机型于 1958 年研制，于 1963 年开始装备美军，目前，仍在进行现代化改装。其双旋翼纵列式结构剔除了一般直升机的尾部垂直螺旋桨，允许机体垂直升降，而且速度高达 165 千米／时，其主要任务是部队运输、火炮调遣与战场补给。此外它还被外销至 16 个国家，最大消费者是英国皇家空军。

　　CH-47 运输直升机具有一定的抗毁伤能力，其玻璃钢桨叶即使被 23 毫米穿甲燃烧弹和高爆燃烧弹射中后，仍能安全返回基地。机载武器采用两支安装在侧门上的 M60D7.62 机枪和一支安装在尾门跳板上的 M60D 机枪。

两副旋翼 >>>

　　两副纵列反向旋转的 3 片桨叶旋翼，前低后高设计，后旋翼塔较高，径向尺寸较大，起垂尾作用，其根部对称配置 2 台发动机。

机头雷达

机头雷达换成包括一具支援俯视／俯射的 N-019 脉冲多普勒雷达，一台 Ts100.2-02 数字计算机。

米格-29 战斗机

1969 年，苏联实施两个计划：重型先进战术战斗机计划和轻型先进战术战斗机计划。轻型战机的计划交给米高扬飞机设计局。20 世纪 70 年代，苏联米高扬和格列维奇设计局推出了第三代超声速战斗机：米格 -29 战斗机。

米格 -29 战斗机于 1977 年首次试飞，1985 年初投入使用，是轻中型双发、前线空中优势战斗机，也是苏联第一种从设计思想上就定义为第四代战斗机的机型。除苏联外还有 30 多个国家使用米格 -29 战斗机。

座舱盖 >>>

采用了泡型舱盖，驾驶舱的视野较过去苏式军机多有改善，但仍然不及同时期的西方战斗机。

93

A-6 攻击机

美军在朝鲜战争中深受朝鲜半岛恶劣天气的影响，面临群机停飞窘境。战争结束后，美军决定研制全天候战机，A-6 攻击机就是在这一背景下出现的。

A-6 攻击机具备强大的环境适应能力，足以满足自赤道非洲至极地间全域地带作战的需要，尤以担任夜间或恶劣天气下的奇袭任务而著称。1958 年 9 月，A-6 攻击机开始初始设计和风洞试验，并于 1960 年 4 月 19 日首飞成功。

机翼悬臂式全金属中单翼，有液压操纵的全翼展前缘襟翼和后缘襟翼，在后缘襟翼前方，装有展长与襟翼相同的嵌入式扰流板。

座椅 >>>

MKGRU-7 型弹射座椅，低空飞行时座椅可向后倾斜，采用并列双座，轰炸领航员座席在右侧，比驾驶员席稍后、稍低。

机身

　　全金属半硬壳结构，机身腹部向内凹，可带半露式军械，后机身两侧有不锈钢制成的减速板。

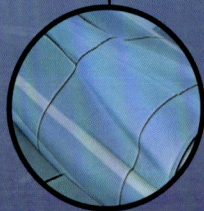

垂直尾翼

　　两个垂直尾翼增加了飞行安全性，作战中即使垂尾遭破坏，也不会使飞机无法操纵，下垂翼端设计可减小阻力。

A-10 攻击机

　　A-10 攻击机于 20 世纪 70 年代初设计，至 1974 年年底 A-10 攻击机被批准投入生产，1975 年开始装备空军。该机是美国空军现役唯一负责提供对地面部队密集支援任务的机种。

　　在多数人的眼中，A-10 攻击机显得很笨拙、很落伍，可是它的优良性能并没有因为技术的进步与发展而被掩盖。这也印证了"没有最先进，只有更合适"的武器设计思想。

机身结构 >>>

　　该机所采用的是中等厚度大弯度平直下单翼、尾吊双发、双垂尾的合理布局，这种设计便于安排翼下挂架。

AH-1 武装直升机

美国陆军根据越南战场上的实际需要，急需一种高速的重装甲、重火力武装直升机，为运兵直升机提供沿途护航或为步兵预先提供空中火力压制。AH-1 武装直升机应运而生，它是世界上第一种专用武装直升机，也是当时世界上第一种反坦克直升机。由于其飞行与作战性能好，火力强，被许多国家采用，几经改型并经久不衰。

该机武器装备齐全，机头下装有通用电气公司的电动炮塔，炮塔内装 20 毫米 3 管式 M197 机炮。750 发炮弹箱直接放在炮塔后面的机身内。短翼下 4 个外挂点可挂不同武器，包括 LAU-68B／A 或 LAU-67A（7 管）70 毫米火箭发射器。机翼下面总共可挂 8 枚"陶"式导弹或 8 枚 AGM-114"海尔法"导弹，2 枚 AIM-9L"响尾蛇"导弹。

单旋翼 >>>

单旋翼优点是结构较双旋翼简单，维护工程难度低，可做高机动性飞行，其缺点是需挥舞铰才能产生侧倾力。

地狱火导弹

该导弹是美国 20 世纪 70 年代研制，20 世纪 80 年代装备的一种重型远程反坦克导弹，最大的特点是采用模块化设计。

索引 | INDEX

（按名称排序）